孩子，我们对天气的认识真的错了！

[美]凯思琳·V. 库德林斯基◎著　[西]塞瓦斯蒂亚·塞拉◎绘　蔡薇薇◎译

北京联合出版公司
Beijing United Publishing Co.,Ltd.

图书在版编目（CIP）数据

孩子，我们对天气的认识真的错了！ /（美）凯思琳·V.库德林斯基著 ；（西）塞瓦斯蒂亚·塞拉绘 ；蔡薇薇译. — 北京 ：北京联合出版公司，2021.9
ISBN 978-7-5596-5469-4

Ⅰ. ①孩… Ⅱ. ①凯… ②塞… ③蔡… Ⅲ. ①天气－少儿读物 Ⅳ. ① P44-49

中国版本图书馆 CIP 数据核字 (2021) 第 148980 号

孩子，我们对天气的认识真的错了！

著　　者：[美] 凯思琳 · V. 库德林斯基
绘　　者：[西] 塞瓦斯蒂亚 · 塞拉
译　　者：蔡薇薇
出 品 人：赵红仕
选题策划：北京天略图书有限公司
责任编辑：龚　将
特约编辑：邹文谊
责任校对：罗盈莹
美术编辑：刘晓红

北京联合出版公司出版
（北京市西城区德外大街 83 号楼 9 层　100088）
北京联合天畅文化传播公司发行
北京盛通印刷股份有限公司印刷　新华书店经销
字数 5 千字　889 毫米 × 1194 毫米　1/16　2.5 印张
2021 年 9 月第 1 版　2021 年 9 月第 1 次印刷
ISBN 978-7-5596-5469-4
定价：42.00 元

深情献给我的儿子，亨利。

——凯思琳 · V. 库德林斯基

献给努诺 · 胡里奥，我们永远不知疲倦的天气预报员。

——塞瓦斯蒂亚 · 塞拉

很久很久以前，在人们对天气还一无所知的时候，即便是勇猛的苏美尔武士也惧怕狂风暴雨。他们认为那是风神恩利尔在发怒，是他让天空布满惊雷和闪电。

苏美尔人跳起雨中之舞，祈求平息恩利尔的怒火。他们相信，这样做能让暴风雨停止，让天气改变。

孩子，他们真的错了！

现在我们知道，当暖湿气流上升，遇上寒冷的高层大气，就会形成布满小水滴的云。一些小水滴聚集成雨滴，掉落到地面。大风使云层内的小水滴摩擦碰撞，会产生电荷。当电荷积聚到一定程度，就会产生闪电。

雷只是闪电释放时产生的声音。

我们先看到闪电，再听到雷声，是因为光比声音传播的速度更快。

当西班牙的航海家第一次横渡大西洋的时候，他们遭遇了可怕的风暴。这些风暴的恐怖程度是他们从来没有见过的。狂风暴雨有时会将整艘船卷入海底。那些从风暴中幸存下来的水手后来遇到了泰诺印第安人。这些泰诺人解释说，这些风暴是他们的风暴之神“乌拉坎”（*Huracan*）的杰作。

这些航海家回到西班牙之后，向身边的每一个人讲述“乌拉坎”大飓风(*hurricane*)的故事。这些故事听起来太恐怖了，不像是真的。人们认为这些是航海家们编造的。

孩子，他们真的错了！

我们现在知道飓风是真的。飓风一开始跟雷暴差不多，当它们穿越温暖的海洋，在温暖海水的助阵下，变得越来越强劲，移动速度越来越快。其直径可以达到800多千米，风速能达到每小时300多千米。

今天，在飓风移动的过程中，科学家们会发出预警，让人们做好应对飓风的准备。

有一位古希腊智者写了一本《天象论》。他在这本书中解释世界上的万物都是土、气、风、火的混合物。他说，即便是天气也是由这四种元素造成的。

孩子，他真的错了！

现在我们知道，太阳的热量对天气的影响最大。地球的自转会使巨大的风旋转，将暴风雨从一个地区吹到另一个地区。每个季节，地球朝向太阳的倾斜角度也会改变天气。

此外，还有其他一些影响因素。

山脉会影响天气。冰川、沙漠、湖泊和海洋也会影响天气。大型火山释放的热量、喷出的火山灰会改变天气。大城市和海岸线也会改变天气。天气太复杂了！

今天，我们要用超级计算机来记录我们已知的全部事实和测量结果。尽管那位古希腊智者是错的，我们还是沿用了他的旧词“气象学”（*Meteorology*）来命名这种研究天气的科学。

人们从来都不愿意被天气弄得措手不及。所以，他们找了各种方法来预测天气。古代中国人认为，如果看到蜻蜓忽高忽低地飞，而不是平移着飞，那就意味着要下雨了。

孩子，他们真的错了！

不过，雨可以用其他的方式来预测。在2000多年前，远洋航行的水手们发明了他们自己的预警系统。“朝霞洒满天，水手忧心间；晚霞洒满天，水手乐无边。”这种预测方式是可行的，因为如果早上天空呈现红色，表明空气中遍布大量水汽，意味着暴风雨就要来了。而如果晚上天空呈现红色，意味着晚霞中含有大量的尘埃，预示着干燥的天气即将到来。

今天，我们能借助各种科学仪器来预测天气。气压计测量气压，气压的变化意味着天气的变化。气压升高通常预示着好天气要来临，而气压降低则意味着暴风雨正在逼近。

我们现在远比从前的水手们知道的多得多，但是，我们在预测天气时还是会犯错。气象学家们会继续努力，直到有一天能完全了解天气。

气象台演播室
今日天气

很久以前，人们认为从我们的地球到星星，空气和天气状况是一样的。**孩子，他们真的错了！**科学家们如今用火箭把各种仪器送入太空，到远离地球数千米的上空研究天气。

我们现在知道，越往高处走，空气越稀薄，最终，空气会完全消失。我们这颗星球被一层空气包围着，在那之外就是冰冷的太空了。

我们曾经以为，那些终年天气严寒的地方会永远不变，气候总是寒冷；而那些炎热、多雨的地方，总是会长出热带雨林。沙漠可能会下雨，但是总的来说，那里炎热、干燥的气候会永远不变。

孩子，我们对气候的认识真的错了！

科学家们已经在北极的冰层深处发现了生活在温暖气候中的恐龙的化石。所以，北极并不是一直寒冷的。在沙漠和雨林的地层下，也发现了数千米厚的冰川存在过的证据，说明这里也并非一直炎热。这些冰川在冰河时期结束后都融化不见了。这些气候变化在成千上万年前就已经发生了。

但是，其他因素也会导致气候变化。科学家们如今十分关注人类是怎样影响天气的。随着地球人口的不断增加，我们使用的燃料越来越多——煤、木材、天然气、石油和汽油等等。

燃料燃烧后向空气中排放大量的烟尘，并释放出一种叫作“二氧化碳”的气体。

100 多年前，一位瑞典的科学家就开始怀疑，过多的烟尘和二氧化碳会把太阳的热量都留在我们的空气保护层中。**孩子，他真的对了！**

现在我们知道地球的总体温度在上升，这叫做“全球变暖”。但是，地球上巨大的旋风、海洋和山脉将这些热量不均衡地扩散开来，导致有些地方在降温，而有些地方在升温。

有些从来没发生过洪水的地方如今洪水泛滥。有些地方却几乎一点儿雨都不下。灼人的热浪和刺骨的寒潮变得越来越普遍。过去百年一遇的毁灭性暴风雨现在也出现得很频繁。

围绕地球运行的气象卫星在观测、记录并拍摄这些变化。科学家们正着手研究这些新的天气模式。他们了解过去的天气状况，通过分析这些新模式，他们希望可以推测出未来的天气状况。

如果能少使用燃料，少砍伐树木，我们仍然能够减缓全球变暖的速度。风能和太阳能有助于减少我们对矿物燃料的依赖。

现在，有些人仍然认为全球变暖是无稽之谈。**孩子，他们真的错了！**

科学家们还在努力工作，努力了解天气变化的各种状况和原因。有一些人研究可以促进雨滴形成的细菌，另一些人尝试预测龙卷风和飓风，还有一些人甚至在研究其他行星上的奇特天气现象。关于天气，未知的奥秘还有很多。

等你长大后，你可能会成为那个发现奥秘的科学家，让我们都惊叹：“我们对天气的认识真的错了！”

气象学大事年表

公元前 1500 年…………………… 所在地位于当今土耳其的赫梯人向神起舞。

公元前 340 年 …………………… 古希腊哲学家亚里士多德撰写《天象论》，解释雨是由地球上的水蒸发而成。

1441 年 ………………………… 朝鲜世宗时期发明了一个雨量计。

1450 年 ………………………… 莱昂·巴蒂斯塔·阿尔贝蒂发明了第一支测量风速的风力计。

1492 年 ………………………… 西班牙的航海家在大西洋上遭遇飓风。

1643 年 ………………………… 埃万杰利斯塔·托里拆利发明了气压计。

1648 年 ………………………… 布莱士·帕斯卡宣称大气压力会随着海拔的升高而降低。

1714 年 ………………………… 丹尼尔·加布里埃尔·华伦海特发明了水银温度计。

1896 年 ………………………… 瑞典科学家斯万特·阿累尼乌斯公开阐释了温室效应。

20 世纪 30 年代 ………………… 自 19 世纪末以来全球变暖趋势一直在持续。

1960 年 ………………………… 第一颗气象卫星泰罗斯 1 号成功发射。

1972 年 ………………………… 冰芯证明过去气候的演变。

2005 年 ………………………… 过于频繁的暴风雨：美国国家飓风中心面临无名可用的尴尬。

2012 年 ………………………… 飓风“桑迪”是纽约有史以来遭遇的最严重的风暴，致使部分区域洪水泛滥。

如果你想了解更多关于天气的知识，可以参考：

National Atmospheric and Space Administration’s Kids’ Club: Videos and activities about satellites and more. http://www.nasa.gov/audience/forkids/kidsclub/flash/index.html

National Oceanic and Atmospheric Administration: Multimedia, explanations, and links for teachers (and students) on Climate Change and Weather. http://www.education.noaa.gov/Climate/ and http://www.education.noaa.gov/Weather_and_Atmosphere/